BEI GRIN MACHT SICH IHR WISSEN BEZAHLT

- Wir veröffentlichen Ihre Hausarbeit, Bachelor- und Masterarbeit

- Ihr eigenes eBook und Buch - weltweit in allen wichtigen Shops

- Verdienen Sie an jedem Verkauf

Jetzt bei www.GRIN.com hochladen und kostenlos publizieren

Franziska Letzel

Unterricht mit "fachfernen" Jugendlichen. Bestandsaufnahme in der Geographiedidaktik mit Rückgriff auf Konzepte der Politischen Bildung

GRIN Verlag

Bibliografische Information der Deutschen Nationalbibliothek:

Die Deutsche Bibliothek verzeichnet diese Publikation in der Deutschen National-
bibliografie; detaillierte bibliografische Daten sind im Internet über http://dnb.d-
nb.de/ abrufbar.

Impressum:

Copyright © 2013 GRIN Verlag GmbH
Druck und Bindung: Books on Demand GmbH, Norderstedt Germany
ISBN: 978-3-656-59749-0

Dieses Buch bei GRIN:

http://www.grin.com/de/e-book/268638/unterricht-mit-fachfernen-jugendlichen-
bestandsaufnahme-in-der-geographiedidaktik

Inhaltsverzeichnis

1. Auswertung der Ergebnisse

1.1 Darstellung der Interviewsituation

Das Interview wurde durchgeführt mit einer abgeordneten Lehrerin im Hochschuldienst an der TU Dresden, die seit 2011 am Lehrstuhl für Geographiedidaktik tätig ist. Frau R. ist ca. 50 bis 55 Jahre alt und arbeitete vor ihrer universitären Anstellung als Geographie-, Russisch- und Gemeinschaftskundelehrerin an Leipziger Mittelschulen. Ihr Hauptforschungsgebiet in Bezug auf die geographische Fachdidaktik liegt in der Lehrerprofession, den digitalen Medien und der Exkursionsdidaktik.

Interviewt wurde die betreffende Lehrerin von zwei Studentinnen, die Ihr aus fachdidaktischen Lehrveranstaltungen der Geographie bereits bekannt sind. Diese Tatsache ermöglichte eine angenehme und freundliche Atmosphäre während der Befragung. Das Interview selbst fand an einem Mittwochvormittag um 10:30 Uhr statt, nachdem die befragte Lehrerin bereits eine doppelstündige Lehrveranstaltung gegeben hatte. Als Ort des Interviews wurde ein Seminarraum im universitären Gebäude des Geographieinstituts gewählt. Es dauerte insgesamt reichliche 23 Minuten, wobei nach Beendigung der eigentlichen Interviewzeit und dem Ausschalten der Mikrophone die Unterhaltung zwischen den Studentinnen und Frau R. noch weitergeführt wurde. Die Eindrücke aus diesem informellen Gespräch gehen aber auf Grund des Ausschaltens der Aufnahmegeräte und forschungsmoralischen Gesichtspunkten nicht in die Auswertung des Interviews mit ein.

1.2 Zusammenfassung des Interviews

<u>Gibt es überhaupt „fachfremde" Schüler? Existiert ein Konzept für „geographieferne" Schüler?</u>

Wir begannen das Interview mit einer kurzen Erklärung zum Inhalt unseres Seminars sowie der Zielstellung der Befragung und leiteten anschließend zur ersten Frage über, ob es in der Geographie ein Konzept zur Problematik „fachferner" Schüler gäbe. Dies verneint Frau R. sehr deutlich, räumt jedoch gleichzeitig ein, dass die Geographie, auf Grund ihrer Nähe zum Fach Gemeinschaftskunde, durchaus auch mit politikfernen Schülern zu tun habe: *„Also so direkt ein Konzept für geographieferne Schüler gibt es nicht würde ich sagen."* […] *„Politik* *spielt natürlich in Geographie auch eine ganz große Rolle. Ich habe sowas auch schon erlebt.* " (#00:02:11-1#)

An dieser Stelle macht sich bereits ein zentraler Widerspruch in den Aussagen von Frau R. auf, der sich spürbar durch das gesamte Interview zieht. So spricht sie an einigen Stellen sehr wohl von „geographiefernen" Schülern, während sie deren Existenz an anderen Stellen während der Befragung ganz klar verneint.

<u>Warum sollten wir uns mit fachfernen Schülern befassen?</u>

Auch auf eine erneute Frage im späteren Verlauf des Interviews, ob die Geographie sich mit „fachfernen" Schülern beschäftige, antwortet sie verneinend, weist jedoch bereits direkt im Anschluss darauf hin, dass es wichtig sei, sich mit diesen Schülern auseinanderzusetzen: *„Na ich denke mal, dass es auf der einen Seite immer so sein wird, in jedem Fach, dass es Schüler gibt, die es schon von vornherein stark interessiert, aber auch weniger interessiert (...) und man sollte sich aber trotzdem die Zielsetzung stellen, dass man versucht, diese Kinder auch zu motivieren mitzumachen.* " (#00:07:36-8#) Die Motivation für eine Beschäftigung mit der Problematik „Fachferne" liegt also bereits in der Aufgabe des Lehrers begründet, das Interesse seiner Schüler für das jeweilige Fach zu wecken. Außerdem ist es zentrales Anliegen der Schule, Wissen zu vermitteln, zu vernetzen und anzuwenden, was nun mal nicht ohne ein gewisses Mindestmaß an Interesse sinnvoll und zielführend zu erreichen ist. Einen weiteren Grund für die Auseinandersetzung mit der Problematik „fachferner" Schüler sieht Frau R. zudem in der Gefahr, dass eben gerade jene Schüler dem Unterricht nicht folgen, keine Lust und Motivation haben zu lernen und den Unterricht durch Verhaltensauffälligkeiten nachhaltig stören können. Sensibilität für „Fachferne" bedeutet also immer auch ein wichtiger Schritt in der Prävention von Unterrichtsstörungen.

<u>Wer ist der „fachferne" Schüler? Was sind Ursachen für „Fachferne"?</u>

Auf die Frage, welche Schüler mit „politik- oder geographiefernen" Jugendlichen in Verbindung gebracht werden sollten, nennt Frau R. vor allem die Gruppe der leistungsschwachen Schüler und macht dies ganz klar an den Noten im jeweiligen Fach fest: *„Ich denke mal, also jetzt mal so ganz pauschal gesagt, auch eher an leistungsschwächere Schüler, die dann im Fach halt keine gute Note bringen, dass sie dann auch mit der Geographie weniger am Hut haben.* " (#00:01:23-3#) Ergo: Wer schlechte Noten in einem

Fach aufweist, ist automatisch dem Fach ferner als Schüler mit guten Zensuren. Diese sehr rigorose Position schränkt sie jedoch kurz darauf etwas ein und schwenkt letztendlich auf das Interesse als zentralen Faktor für „Fachferne" oder „Fachnähe": *„Aber ich denke mal es hat in der Geographie was mit dem Interesse am Fach zu tun."* (#00:01:23-3#) An späterer Stelle im Interview ergänzt sie das fehlende Interesse am Fach jedoch zusätzlich um einen Mangel an Wissen als ursächlichen Faktor, für welchen sie ganz klar das jeweilige Elternhaus des Schüler verantwortlich macht: *„Kinder, die sich interessieren für die Umgebung, da wissen Sie, die fahren mit ihren Eltern Fahrrad und solche Dinge. Oder eben bei Politikfernen, dass man zu Hause eben auch über Politik spricht."* (#00:05:22-5#) In diesem Zusammenhang betont Frau R. aber sehr deutlich, dass sie das fehlende Wissen und die Praktiken im Elternhaus nicht mit bestimmten sozialen Milieus in Verbindung bringt. Ihrer Meinung nach könnte es also in jeder sozialen Schicht „politik- oder geographieferne" Kinder und Jugendliche geben.

Letztendlich macht Frau R. das Auftreten beziehungsweise Aufrechtbestehen von „Fachferne" vom Lehrerhandeln abhängig. Eine zentrale Aufgabe des Lehrers besteht ihrer Meinung nach in der Weitergabe des eigenen Interesses für das Fach an die Schüler: *„dass man da auch wirklich (...) mal versucht, die Schüler so richtig für eine Sache zu begeistern."* (#00:17:41-2#) Gelingt es, seine Klasse von der persönlichen Begeisterung für die einzelnen Themen zu überzeugen, sei dies nach Frau R. der zentrale Weg, um „Fachferne" zu begegnen und abzubauen. Wenig engagierte Lehrkräfte, die nicht für das eigene Fach brennen, geschweige denn in der Lage sind, Begeisterung bei den Schülern auslösen, sind demnach sowohl eine zentrale Ursache für „Fachferne", als auch gleichzeitig ein gewichtiger Hindernisfaktor für deren Beseitigung.

<u>Wie erkennen wir „fachferne" Schüler?</u>

In Bezug auf die Identifikation „fachferner" Schüler sieht Frau R. keine großen Schwierigkeiten: *„Wenn man in seiner Klasse länger unterrichtet, bekommt man das ganz genau mit."* (#00:03:40-6#) Daraus lässt sich eine zentrale Aufgabe des Lehrers ableiten, die für Frau R. im Zusammenhang mit „fachfernen" Schülern elementar ist: ein Gespür zu entwickeln für die Belange und Interessen seiner Klassen. So hat der Lehrer dafür zu sorgen, seine Schüler tiefgreifend kennenzulernen, deren Interessen zu identifizieren und auch deren außerschulische Lebenswelt stets im Hinterkopf zu haben: Welche Erfahrungen machen meine Schüler außerhalb der Schule? Wie und wo leben sie? Was wissen sie schon, wann und wo haben sie es gelernt?

Erfüllt ein Lehrer diese Aufgabe gewissenhaft und berücksichtigt die gewonnenen Erkenntnisse darüber hinaus in seinem Unterricht, sollte es nach Frau R.'s Ansicht kein Problem darstellen, „Fachferne" und „Fachnähe" bei den Schülern zu erkennen.

<u>Welche Möglichkeiten und Strategien sind zielführend, um „Fachferne" abzubauen?</u>

Auf die Frage, wie wir nun mit diesen „fachfernen" Schülern umgehen sollten und mit welchen konkreten Strategien es möglich ist, „Fachferne" abzubauen oder vorzubeugen, betont Frau R. in erster Linie das Engagement des Lehrers, auch weniger interessierte Schüler zu motivieren und deren Neugier zu wecken. Dies beinhaltet auch, sich die Interessen der Schüler bewusst zu machen, diese in den eigenen Unterricht mit einzubinden und verstärkt schülerorientiert zu arbeiten: *„Bei den Alpen meinetwegen beschäftigen wir uns da und damit, stellt man vor, und die sagen dann, oh mich würde das aber auch noch interessieren. Wenn man das dann abblockt, wäre das ein Fehler."* (#00:07:36-8#) *„Na dass man doch versucht, Themen mit aufzugreifen, die auch mal diese Schüler ansprechen."* (#00:15:25-4#)

Auf die Frage nach konkreten Methoden, die in diesem Zusammenhang hilfreich sein könnten, nennt Frau R. typische schüleraktive Methoden wie Gruppenarbeiten und Gruppenpuzzle, die 5-Minuten-Methode und die zunehmende Verwendung neuer Medien wie Laptop oder Whiteboard: *„Ich denk mal da kann man schon eine ganze Menge machen. Also mir fällt jetzt zum Beispiel [...] Gruppenpuzzle zu einem bestimmten Thema ein."* (#00:16:41-7#) *„Dass man auch versucht, verschiedenste Medien einzusetzen im Unterricht. [...] Ich habe dann festgestellt, dass sie mit dem Laptop viel besser arbeiten als ohne."* (#00:21:36-7#)

Dies bedeutet aber auch, ab und an über das hinaus zu gehen, was der Lehrplan verlangt, um den Bezug zur Lebenswelt der Schüler herzustellen und deren Interessen stärker einzubinden. In diesem Zusammenhang weist Frau R. auch auf die Problematik der Komplexität der schulischen Unterrichtsfächer hin. Für viele Schüler, gerade die weniger interessierten, sei das Themenfeld der einzelnen Fächer so unvorstellbar weit und komplex, dass schon allein aus diesem Grund die Entstehung von „Fachferne" begünstigt würde. Eine zentrale Strategie, um das Interesse der Schüler zu wecken und „Fachferne" abzubauen, sei somit die Verringerung von Komplexität: *„Und ich kann mir schon vorstellen, dass Schüler Interesse haben für Geographie, aber in ganz anderen Thematiken als wir es eigentlich im Lehrplan behandeln. (...) Und dass sie gerade diese Themen eher abschrecken und eher ein anderes Thema in den*

Vordergrund stellen würden. " (#00:12:46-7#) Als eine gute Möglichkeit, um Komplexität zu verringern und gleichzeitig an den Interessen der Schüler anzuknüpfen, nennt Frau R. das Anbieten von Wahlthemen oder Beispielen, für die sich die Schüler je nach individuellem Interesse entscheiden können. *„Sie wissen ja, es gibt ja auch diese Wahlpflichtbereiche, dass man da den Schülern also auch durchaus mal die Wahl LÄSST. (...) Nicht der Lehrer entscheidet, sondern der Schüler.* " (#00:15:50-8#) *„mit den individuellen Angeboten, dass man durchaus am Anfang so einen Komplex [...] betrachtet, und dann eben Beispiele aus verschiedenen Regionen zum Beispiel nimmt und nicht nur ein Beispiel.* " (#00:19:18-2#)

<u>Wie sollten Lehrer handeln?</u>

Der Schlüssel zum Erfolg im Umgang mit „fachfernen" Schülern liegt für Frau R. in der persönlichen Begeisterung für das eigene Fach. Diese betrachtet sie als unerlässlich, will man auch unmotivierte und desinteressierte Schüler erreichen und zum Mitmachen anregen: *„Ja positiv ist immer das, wenn man selber als Lehrer, finde ICH, wenn man für die Sache auch brennt und die Schüler das auch merken. Dann kann man die auch so ein bisschen mitziehen und diese Begeisterung auch auf die Schüler übertragen. Das finde ich ist ganz wichtig, so die eigene Persönlichkeit.* " (#00:17:41-2#) Dies stellt sie aber auch ganz klar in einen direkten Zusammenhang mit der Organisation des eigenen Unterrichts und Berufsalltags. Eine intensive Vorbereitung ist für Frau R. eine klare Vorrausetzung für guten Unterricht, der sowohl interessiertere, als auch weniger interessierte Schüler zur Teilhabe motiviert. Dies beinhaltet vor allem auch, sich die Interessen seiner Schüler bewusst zu machen und in der Vorbereitung zu berücksichtigen, sei es, indem man unterschiedliche Wahlaufgaben konzipiert oder Fallbeispiele heraussucht, zwischen denen die Schüler wählen können. So sei jeder engagierte und für sein Fach brennende Lehrer ohne eine angemessene Vorbereitung genauso zum Scheitern verurteilt, wie ein durchweg strukturierter und organisierter Lehrer, der sich aber weder selbst für sein Fach begeistern kann, geschweige denn Begeisterung bei seinen Schüler auszulösen vermag.

Bei allem Engagement betont Frau R. jedoch auch, dass es utopisch sei zu glauben, man könne stets alle Schüler für sein Fach interessieren und motivieren. So wird man wohl auch immer Schülern begegnen, die sich „motivationsresistent" geben und kein Interesse für die einzelnen Themen entwickeln. In diesem Zusammenhang sei es nach Frau R. wichtig, deren Desinteresse und mitunter kontraproduktiven und störenden Verhaltensweisen im Unterricht nicht auf sich selbst zu beziehen: *„Dinge, die Schüler im Unterricht äußern, die persönlich* *nehmen. (...) Das bezieht man ja auch immer ganz schnell und ganz stark auf seine Persönlichkeit. (...) Das sind so Sachen wo ich denke, das sollte man auf keinen Fall machen.*" (#00:14:33-2#) In einem solchen Fall dann das Interesse am Schüler zu verlieren und das eigene Engagement abzubauen, sei der falsche Weg im Umgang mit desinteressierten und „fachfernen" Schülern. Dieses Anliegen macht Frau R. noch einmal am Ende des Interviews sehr deutlich, indem sie uns, als angehende Lehrer, folgenden Ratschlag mit auf den Weg gab: *„Immer Interesse am Schüler haben.*" (#00:23:01-8#)

2. Reflexion des Interviews

Nachdem wir im Seminar die Möglichkeit offeriert bekamen, als Leistung für das „freie Stück" ein Lehrerinterview zum Thema „Politikferne Jugendliche" durchzuführen, war mein Interesse schnell geweckt. Dies bedeutete eine völlig neue Herausforderung in meinem Studium, welches deutlich durch Leistungserwerbe mittels Klausuren und Seminararbeiten dominiert ist. So überlegte ich, mit wem ich dieses Interview am besten durchführen könnte. Leider fiel mir keine geeignete Lehrperson ein, weshalb mir die Idee unserer Dozentin zu Hilfe kam, das Interview doch auch in der Didaktik unseres Zweitfaches durchführen zu können. Die zentrale Frage lautete in diesem Fall „Wie gehen andere Disziplinen mit „fachfremden" Schülern um? Existiert überhaupt ein Konzept, welches mit dem „politikferner Jugendlicher" vergleichbar ist?"

Da mein Zweitfach Geographie ist, fasste ich den Entschluss, das Interview am Lehrstuhl für Geographiedidaktik durchzuführen. Schnell hatte ich eine Dozentin im Kopf, die erst neu an der Universität beschäftigt ist und zuvor selbst lange Zeit Lehrerin für Geographie und auch Gemeinschaftskunde war. In einem meiner vergangenen Seminare fiel sie mir als sehr kompetent und engagiert auf, weshalb ich mir sehr gut vorstellen konnte, mit ihr ein gewinnbringendes Interview durchführen zu können. Zufällig fand ich mich mit einer Kommilitonin im Seminar zusammen, die ebenfalls Geographie studiert und wir entschieden uns dazu, das freie Stück gemeinsam durchzuführen. Die von uns ausgewählte Dozentin am Geographielehrstuhl erklärte sich zu unserer Freude sofort zu dem Interview bereit und es stellte kein Problem dar, einen zeitnahen Termin zu vereinbaren.

Nach einer kurzen Vorbereitungsphase, in der wir den Leitfaden für unsere Zwecke ein wenig abänderten und für die Geographie passend machten, trafen wir uns erwartungsvoll mit der Dozentin zum Interviewtermin. Sie begegnete uns sehr aufgeschlossen und es war nicht schwer, einen Einstieg in das Interview zu finden. Begünstigt wurde die angenehme Interviewatmosphäre zudem durch die Tatsache, dass meine Kommilitonin und ich unsere Interviewpartnerin bereits im Vorfeld kannten und durch eine gute Zusammenarbeit in Seminaren bereits eine gewisse Vertrauensbasis schaffen konnten, die uns nun die Durchführung des Interviews erleichterte. Der Verlauf der Befragung gestaltete sich somit sehr flüssig und problemlos und trug eher den Charakter eines lockeren Gespräches, denn eines systematischen Frage-Antwort-Wechsels. Während des Interviews kristallisierten sich bereits einige Tendenzen hinsichtlich des Ergebnisses der Befragung heraus, die wir teilweise erwartet hatten, während uns andere wiederrum überraschten. So gewannen wir abschließend einen äußerst positiven Eindruck verbunden mit dem Gefühl, ein erfolgreiches und gewinnbringendes Interview durchgeführt zu haben, welches auch besonders durch die Sichtweise der Geographie im Vergleich zur Politischen Bildung für die Thematik des Seminars hilfreich sein würde.

In der Transkription und Analyse des Interviews wurde dieser positive Eindruck jedoch bereits etwas relativiert. Eine Tatsache, die sich in der Besprechung und Auswertung im Seminar selbst noch verstärkte. So fiel uns schnell auf, dass unsere Interviewpartnerin dazu tendierte, uns „nur" allgemeinpädagogische Ratschläge und Tipps im Umgang mit „fachfernen" Schülern zu geben. So nannte sie zwar konkrete Methoden, wie Gruppenarbeit oder Gruppenpuzzle und betonte die Bedeutung schülerorientierten, an der Lebenswelt der Adressaten anknüpfenden Unterrichts, jedoch sind dies Arbeits- und Sichtweisen, die für einen modernen Lehrer vertraut, wenn nicht gar selbstverständlich sein sollten. Wirkliche Hinweise zu innovativen Strategien, die es ermöglichen könnten, „Fachferne" abzubauen und „fachferne" Schüler näher an die Themen und Inhalte, mitunter den „Geist" eines Faches, heranzubringen, kamen während des Interviews leider überhaupt nicht zur Sprache.

Des Weiteren fiel während der nachfolgenden und vertieften Auseinandersetzung mit dem Interviewmaterial auf, dass die betreffende Lehrerin trotz zahlreicher Fragen unsererseits nur spärlich mit Beispielen argumentierte. So hakten wir an vielen Punkten noch einmal nach, um konkrete Erfahrungen aus ihrem Schulalltag zum Thema zu machen, jedoch zeigte sich dies in der Auswertung als eher erfolgloses Unterfangen. Zwar verwies sie an der einen oder anderen Stelle auf Momente, in denen sie mit schwierigen oder störenden Schülern zu tun hatte, ob diese jedoch wirklich als „fachfern" zu bezeichnen wären, bleibt unklar. Umso paradoxer erscheint in diesem Zusammenhang die Aussage ihrerseits, dass es keine Schwierigkeit sei, „fachferne" und „fachnahe" Schüler in einer Klasse zu identifizieren, wenn man die Klasse erst einmal länger kenne. Dies steht jedoch im Gegensatz zu dem Eindruck, dass es ihr offensichtlich schwerfiel, konkrete Beispiele aus ihrem Unterrichtsalltag zu nennen.

Die Ursache für diese Problematik, die sich in der Auswertung deutlich zeigte, liegt meinem Anschein nach in der mangelnden Erfahrung mit der Thematik „fachferner" Schüler, die bei der betreffenden Lehrkraft eindeutig vorliegt. Sie selbst gibt bereits zu Beginn des Interviews an, dass in der Geographiedidaktik keine konkrete Beschäftigung mit „fach- oder geographiefernen" Schülern erfolgt. Dass sie sich selbst mit dieser Thematik ebenfalls bis heute nicht nennenswert auseinandergesetzt hat, wird in der Betrachtung des Interviews nur allzu deutlich. Dies zeigt sich vor allem dadurch, dass sie an mehreren Stellen in Bezug auf die Frage nach der Existenz „geographieferner" Schüler und eines entsprechenden Konzeptes über diese hin- und herschwankt. Dies lässt erahnen, dass der typische amtierende Lehrer überhaupt nicht an „fachferne" Schüler denkt, wenn er vielleicht mit ihnen zu tun hat. Er sieht sie wohl eher als die „uninteressierten", „unmotivierten" oder schlichtweg „den Unterricht störenden" Schüler an und beschäftigt sich in Folge dessen auch nicht mit der Thematik „Fachferne – Fachnähe".

Rückblickend auf das durchgeführte Interview und die folgende Auseinandersetzung mit dem Interviewmaterial lassen sich somit folgende zwei zentrale Schlüsse ziehen:

(1) Es besteht in der Geographiedidaktik ein deutliches Defizit in der Beschäftigung mit der Problematik „fachferner" Schüler.
(2) Viele Lehrkräfte haben vermutlich keine konkrete Vorstellung „fachferner" Schüler. Die Beschäftigung mit dem „uninteressierten" oder „unmotivierten" Schüler steht im Vordergrund.

Abgesehen von dem inhaltlichen Fazit bezüglich der Interviewthematik kann ich persönlich noch eine weitere Schlussfolgerung ziehen: Es war äußerst interessant und gewinnbringend, eine sozialwissenschaftliche Forschungsmethode einmal selbstständig ausprobiert und durchgeführt zu haben. Dies bedeutete eine völlig neue und ungewohnte Herausforderung. Rückblickend auf meinen bisherigen Studienverlauf kann ich mich selbst ganz klar als „der praktischen, empirischen Forschungsarbeit fern" bezeichnen. Ich war stets der Ansicht, dass wissenschaftliche Forschung für mich als zukünftigen Lehrer keine bedeutende Rolle spielt und zeigte mich demzufolge sehr desinteressiert an der Forschung selbst. Nun habe ich einen entscheidenden Schritt, insbesondere auch in Hinblick auf die bevorstehende Masterarbeit, getan, um diese „Ferne" abzubauen und mich der praktischen, sozialwissenschaftlichen Forschung zu öffnen.

3. Transkription des Interviews

#00:00:03-2# I: Unser Thema in Gemeinschaftskunde, also in dem Seminar ist, dass wir uns mit politikfernen Schülern beschäftigen. Und bei uns ist halt in erster Linie die Frage im Raum: Gibt es so etwas wie Politikferne? Wer sind die politikfernen Schüler? Und mit Ihnen haben wir uns heute jetzt hier hingesetzt, weil wir halt wissen wollen, wie sieht das in einer Paralleldisziplin aus. Also wie ist das in der Geographie? Gibt es so etwas auch, so etwas wie unterrichtsferne Schüler? Gibt es so ein Phänomen? Beschäftigt sich die Geographie auch mit solchen Schülern?

#00:00:35-1# B: Okey. Gut.

#00:00:37-8# I: Also das wäre unsere erste Frage. Ob es so einen Begriff oder so ein Konzept in der Geographie auch gibt, also irgendwie fachferne Jugendliche, fachferne Schüler?

#00:00:47-9# B: Wenn ich ehrlich bin (...) eigentlich nicht. Denk ich jetzt mal. (...) Weil man ganz einfach immer über die normalen Möglichkeiten versucht, die Schüler an den Unterricht, an das Thema heranzubringen. Also so direkt ein Konzept für geographieferne Schüler gibt es nicht würde ich sagen.

#00:01:08-5# B: Okey. Und wenn Sie jetzt an solche Schüler denken, oder wenn Sie jetzt formulieren könnten, ob es geographieferne oder fachferne Schüler für SIE gibt, an wen würden Sie da denken?

#00:01:23-3# B: Ich denke mal, also jetzt mal so ganz pauschal gesagt, auch eher an leistungsschwächere Schüler, die dann im Fach halt keine gute Note bringen, dass sie dann auch mit der Geographie weniger am Hut haben. (...) Wobei man das schon wieder ein bisschen einschränken muss, weil ich auch festgestellt habe, dass solche Schüler manchmal sehr verblüffende Ergebnisse in der Geographie erreichen können. Aber ich denke mal es hat in der Geographie was mit dem Interesse am Fach zu tun. Dass man sagen kann, mich interessiert das, ich will was über die Welt lernen und eben andere aus verschiedensten Gründen, es kann ja sein sie mögen den Lehrer nicht so (unv.), das Thema nicht, zu Hause gab es irgendwelche anderen Probleme, dass sie dann eben sagen, dass interessiert mich alles gar nicht.

#00:02:08-4# I: Okey also Sie denken da schon eher an Desinteresse?

#00:02:11-1# B: Ja schon. UND ich muss sagen, um auf Ihr Thema mit politikfernen Schülern zu kommen, Politik spielt natürlich in Geographie auch eine ganz große Rolle. Ich habe sowas auch schon erlebt. Das ist kein politikFERNER Schüler gewesen, der hat, als wir Asien begannen, gesagt, das sind ja die Fitschies. Und die Schlitzaugen. (...) Ja und da steht man auch erst einmal für einen Moment vor der Tafel und muss erst einmal nach Worten ringen. Da war ich auch überhaupt nicht drauf gefasst. Sodass man sieht, dass also Politik und Geographie schon eine enge Verknüpfung irgendwo ist.

#00:02:49-2# I: Ja es sind ja nicht nur Paralleldisziplinen, sondern die ergänzen sich ja eigentlich auch.

#00:02:53-7# B: Genau. Man müsste auch die Geschichte von der Sache her noch mit reinnehmen dazu, weil man ja geographische Prozesse auch nur in der Geschichte betrachten kann.

#00:03:00-3# I: Vor allem wenn Sie Kulturen wahrscheinlich auch behandeln.

#00:03:02-1# B: Genau richtig. Wenn man jetzt schaut, also um zu verstehen was in der Arabischen Halbinsel zum Beispiel momentan gerade wieder los ist, wie eng man da am Krieg steht, da braucht man den Raum, da braucht man die Politik und da braucht man auch die Geschichte. Also da durchdringen die sich richtig.

#00:03:21-4# I: Ja. Und fallen diese Schüler dann speziell nur durch solche Bemerkungen auf oder kann man das als Lehrer schon anders herauskristallisieren? Ist man sich da im Vorfeld schon bewusst darüber, welche Schüler sozusagen dann eher die politikfernen oder geographiefernen Schüler sind?

#00:03:40-6# B: Im Endeffekt schon. Wenn man in seiner Klasse länger unterrichtet, bekommt man das ganz genau mit und da ist es für mich auch eher so Aufgabe des Lehrers, dass man sieht (…), krieg ich den vielleicht doch jetzt zu dem Thema. Also das ist dann immer den Anspruch den ich habe, um sie auch heranzuführen. Und wenn man sich mal direkt auch an den Schüler wendet, das, finde ich, ist auch ganz wichtig. Es gibt zum Beispiel in der Geographie so eine kleine Methode, die heißt Fünf-Minuten-Technik (…) wo die Schüler auf aktuelle Dinge eingehen können. Was gerade in der Welt passiert. Die meisten Geographielehrer beziehen es auf Naturkatastrophen, aber man kann das genauso gut eben auch auf politische Ereignisse beziehen, wenn man jetzt eben wieder an /, jetzt bleiben wir mal bei Syrien, dass man da auch sieht was passiert. Und das kann man dann auch sehr gut in die einzelnen Lernbereiche eintakten.

#00:04:35-8# I: Also sowas auch wie, was es ja in Gemeinschaftskunde auch oft gibt, dass die Lehrer irgendwie fünf Minuten am Anfang der Stunde so einen Nachrichtenüberblick von einem Schüler machen lassen.

#00:04:43-5# B: Genau, genau. Kann man ja auch ganz gezielt anbinden. Wenn man jetzt zum Beispiel mal Australien nehmen, dass, wenn man in den Lernbereich einsteigt, ein Schüler die Aufgabe bekommt, sich vorher schon einmal über das Land aktuell politisch zu informieren. Was passiert da? Einmal eben im politischen Bereich aber auch im natürlichen.

#00:05:02-1# I: Sehen Sie denn die Ursache für dieses Desinteresse also auch wirklich nur im Interesse oder kann man auch sagen, dass der geographieferne, politikferne Schüler einfach auf Grund von fehlendem Wissen eventuell dieses Desinteresse hat? Oder diese Ferne erst einmal (…) zu dem Thema?

#00:05:22-5# B: Ja ich denke schon. Also es ist auf der einen Seite sicherlich mit das Wissen und natürlich man darf auch das Elternhaus bei solchen Sachen nicht mit rauslassen. Kinder, die sich interessieren für die Umgebung, da wissen Sie, die fahren mit ihren Eltern Fahrrad und solche Dinge. Oder eben bei Politikfernen, dass man zu Hause eben auch über Politik spricht. Was passiert in der Welt, warum. Und schon sind wir wieder in diesem ganzen

Kreislauf drin, dass man das also auch wissen muss. Und da merkt man ganz genau im Unterricht, wo solche Dinge passieren zu Hause, weil diese Schüler sind SEHR aktiv dabei. (…) Während eben andere Kinder, eben die ferneren, leider nicht. Und da muss man aber auch jetzt gerade in der Schule ein Podium bieten, dass sie vielleicht da auch ihre Interessen oder ihr Wissen dazu verbessern können.

#00:06:20-9# I: Also das Wissen sozusagen angeknüpft an Erfahrungen die sie sozusagen im Elternhaus schon machen, bedingt durch soziale Milieus.

#00:06:29-5# B: Soziale Milieus, aber ich sag mal so, es kann auch in einem einfachen Elternhaus ordentlich Zeitung gelesen werden. Fragen Sie mal rum, was für Zeitungen gelesen werden. Also wir kommen immer nur auf die mit den vier Buchstaben (lachen). Ja und da verknüpft sich ja auch wieder so logischerweise Geographie, Geschichte, Gemeinschaftskunde

#00:06:50-7# I: Das ist ja ein Bereich. Aber explizit beschäftigt sich die Fachdidaktik jetzt nicht mit dem Phänomen? Oder gibt es halt in der Fachdidaktik Geographie wirklich die Thematisierung von dem geographiefernen, politikfernen Schüler?

#00:07:06-9# B: Also ich will jetzt nicht lügen, aber ich würde sagen Nein.

#00:07:10-4# I: Okey. (…) Würde sich jetzt auch mit unseren Erfahrungen decken. Also dass es da wirklich noch nicht viel dazu gibt. Oder dass das nicht wirklich thematisiert wird. Aber würden Sie es persönliche als ein PROBLEM ansehen oder würden Sie sagen, das ist ein wirkliches PROBLEM im Geographieunterricht oder sagen Sie, das ist einfach so, das muss man akzeptieren, dass es eben Schüler gibt, die eben, sagen wir, weniger interessiert sind oder die weniger dem Unterricht folgen?

#00:07:36-8# B: Na ich denke mal, dass es auf der einen Seite immer so sein wird, in jedem Fach, dass es Schüler gibt, die es schon von vornherein stark interessiert, aber auch weniger interessiert (…) und man sollte sich aber trotzdem die Zielsetzung stellen, dass man versucht, diese Kinder auch zu motivieren mitzumachen. Sich Wissen über die Welt anzueignen. Das finde ich ganz wichtig. Und damit denke ich, dass man das doch ganz stark auch über Interessen, über das was sie beim Professor gelernt haben, über Beziehung zu anderen Kindern oder Jugendlichen. Dass sie sehen, die leben ähnlich, da (liegen?) sie anders. Dass man sich damit auseinandersetzt. (…) Und vielleicht auch manchmal immer ein bisschen über das hinausgeht, was der Lehrplan will. So SCHWER wie das auch ist. (…) Oder auch mal auf das Interesse. Bei den Alpen meinetwegen beschäftigen wir uns da und damit, stellt man vor, und die sagen dann, oh mich würde das aber auch noch interessieren. Wenn man das dann abblockt, wäre das ein Fehler.

#00:08:41-3# I: Ja, dass man auf sowas dann einfach eingeht.

#00:08:43-6# B: Genau, dass man mal auch versucht da ein bisschen diese Interessen mit zu steuern.

#00:08:48-4# I: Also dass man sozusagen offen die Vorstellungen annimmt und schülerorientiert arbeitet.

#00:08:53-2# B: Ja auf jeden Fall.

#00:08:54-5# I: Und an der Lebenswelt der Schüler deutlich näher anknüpft. Dass die auch einfach irgendwie ein Wissen oder was zum greifen haben.

#00:09:00-1# B: Genau.

#00:09:01-2# I: Also sind wir wieder bei Erfahrungen und Wissen sozusagen.

#00:09:04-8# B: Im Endeffekt ja.

#00:09:07-1# I: Um dann daraus Interesse und Motivation zu entwickeln. Okey. (…) Haben Sie denn spezielle Beispiele oder Erfahrungen wo Sie sagen, an der Stelle bin ich als Lehrerin auch mal an Grenzen gestoßen, da haben bestimmte Schüler mir Schwierigkeiten gemacht im Unterricht? Finden Sie da Beispiele dafür, wo Sie sagen, da könnte es zum Problem werden, da kann es Schwierigkeiten im Unterricht geben mit solchen Schülern?

#00:09:31-5# B: Sie meinen jetzt geographieferne Schüler?

#00:09:33-9# I: Ja.

#00:09:34-8# B: Das koppelt sich ja meistens dann auch mit (…) Verhaltensauffälligkeiten. Und da muss man (…) für diese Schüler denk ich mal immer einen Weg haben, wie man sie noch anders unterrichten könnte.

#00:09:51-1# I: Haben Sie da konkrete Beispiele im Kopf?

#00:09:53-5# B: (lachen) Ich überlege gerade. (…) Ich hatte zum Beispiel jemand, der hat STÄNDIG reingesprochen. Ja also IMMER wenn was war, (das?) war auch eine Erfahrung aus dem Elternhaus, IMMER das letzte Wort zu haben. Das hat der auch in der Schule durchgezogen. Das abzugewöhnen und sich dann zu konzentrieren auf den Unterricht, das hat dann noch gar nichts mit Geographie zu tun irgendwo. Und dann halt auch immer kam zum tragen, ich habe heute keine Lust und solche Dinge. Klar Freitag sechste Stunde macht vielleicht nicht immer Spaß, aber dass eben die Schüler auch lernen müssen, ich muss mich mal quälen um zu einem Ergebnis zu kommen. (…) Ja also das war so. Aber jetzt direkt auf ein geographisches Thema bezogen, fällt mir jetzt gar nichts ein. (…) Ich hätte noch ein schönes Beispiel für geographieNAHE Schüler. In der Klasse fünf zum Beispiel kam einmal ein Schüler in die Klasse rein und fragte mich, was machen wir denn heute? Typische Schülerfrage. Und ich habe ihm gesagt, HEUTE / Also eigentlich sage ich immer, wir machen heute Geographie, und da habe ich aber gesagt, wir lernen heute den Atlas kennen. Da ist der durch die Klasse gehüpft und machte Hurra Hurra, wir lernen heute den Atlas kennen. (lachen) Und ich dachte, Huch, was ist denn heute los? Ja also dass man da auch ganz stark aufpassen muss auf der anderen Seite DIESE Kinder auch bei der Stange zu halten. (…) Dass die also auch immer noch Freude haben was zu lernen und ihr Wissen immer weiter zu vervollständigen. Also das ist ein großer Spagat auch zwischen diesen beiden Richtungen.

#00:11:38-1# I: Können Sie uns dort bestätigen, dass wenn man die Schüler mit den Worten Politik oder Geographie in dem großen Ganzen konfrontiert, dass sie da erst einmal abgeschreckt sind und wenn man es dann aufmacht und einzelne Beispiele rausnimmt, wie Sie jetzt sagten mit dem Atlas, dass man da mehr Interesse erzeugt werden kann?

#00:11:52-8# B: Genau. Auf jeden Fall.

#00:11:54-6# I: Ja also schon dass man sozusagen einzelne Elemente herausnimmt und die dann /

#00:11:58-4# B: Genau. Das ist eben das, was ich vorhin schon gesagt hatte, mit dem Bezug zur Lebenswelt der Kinder. Wie leben denn andere Kinder in anderen Regionen der Welt? Dass man eben darüber und nicht sagt, wir beschäftigen uns heute mit Asien, sondern halt Kinder vorstellt und dann das daran aufzieht um Besonderheiten von einem Kontinent zu zeigen.

#00:12:20-3# I: Also würden Sie sagen, dass Schüler die im ersten Moment dem Unterricht fern erscheinen, vielleicht gar nicht dem Unterricht so fern sind, sondern erst einmal abgeschreckt sind durch die große Thematik? Dass vielleicht Schüler manchmal denken, sie haben eigentlich gar kein Interesse für Geographie, aber dass man sozusagen durch das (Aufklüfteln?) einzelner Themen und das Suggerieren von Interesse dann auch wirklich Interesse und Motivation entstehen kann?

#00:12:46-7# B: Das finde ich ist eine sehr interessante Frage, weil ich da jetzt gar nicht oder anders darüber nachdenke, weil man eher immer an Desinteresse oder Interesse denkt. (…) Und ich kann mir schon vorstellen, dass Schüler Interesse haben für Geographie, aber in ganz anderen Thematiken als wir es eigentlich im Lehrplan behandeln. (…) Und dass sie gerade diese Themen eher abschrecken und eher ein anderes Thema in den Vordergrund stellen würden.

#00:13:17-1# I: Liegt das daran, dass die Themen zu groß sind, zu oberflächlich, zu weit gefasst oder?

#00:13:23-2# B: Oberflächlich würd' ich nicht sagen, aber sie sind für Schüler teilweise sehr /

#00:13:27-7# I: Komplex?

#00:13:28-1# B: Ja Komplex. Aber auch, wenn wir jetzt wieder an Interessen denken, ich sag jetzt mal ein Beispiel, mittelenglisches Industriegebiet Klasse 6 (…) oder oberschlesisches Industriegebiet ist jetzt sicher weniger ein Thema, das die Interessen eines Sechstklässlers berührt. (…) Andererseits kann man natürlich auch nicht immer nur nach dem Interesse gehen. Sie müssen auch mal was lernen.

#00:13:53-3# I: Es gibt ja bestimmte Dinge die müssen einfach behandelt werden. Das bringt uns ja eigentlich schon zu den Lösungsansätzen und Lösungsmöglichkeiten, die es gibt, wie man mit solchen Schülern umgehen kann. Sie haben schon ein paar Beispiele genannt, wie man das machen könnte, eben durch die Lebenswelten, durch das Interesse, also darauf einzugehen wenn die Schüler das suggerieren. Würden Ihnen was einfallen, (…) wenn Sie den Lehrern einen Rat geben sollten, oder den angehenden Lehrern, was man NICHT machen darf? Sie hatten ja jetzt schon einiges erwähnt, was man machen sollte oder was man machen KÖNNTE, aber was Lehrer vielleicht auf keinen Fall machen sollten in diesem Zusammenhang.

#00:14:30-5# B: Ich würde sagen, die Situation ignorieren.

#00:14:32-1# I: Okey.

#00:14:33-2# B: Also wenn man jetzt das einfach so belässt und sagt der hat kein Interesse, dann interessiere ich mich auch nicht für ihn. (…) Oder Dinge, die Schüler im Unterricht äußern, die persönlich nehmen. (…) Das bezieht man ja auch immer ganz schnell und ganz stark auf seine Persönlichkeit. (…) Das sind so Sachen wo ich denke, das sollte man auf keinen Fall machen. (…) Oder die ausgrenzen. Vor anderen bloßstellen. Das hat jetzt weniger mit dem Fach zu tun, das sind ja eher so pädagogische, erzieherische Dinge (…) die da eine Rolle spielen.

#00:15:11-9# I: Und um speziell den geographie- oder politikfernen Schüler nicht noch weiter sozusagen in die Ferne zu treiben, was sollte man da versuchen zu vermeiden, (…) dass man da nicht noch mehr den Schüler in die Ecke stellt?

#00:15:25-4# B: hmm (…) Na dass man doch versucht, Themen mit aufzugreifen, die auch mal diese Schüler ansprechen (unv. laute Geräusche vom Flur). Also ich sag mal jetzt Themen zu ignorieren, die diese Schüler jetzt auch mal wollen. (…) So schwer wie das ist.

#00:15:43-3# I: Also schon auch versuchen, von der heterogenen Klasse alle Interessen mal abzufragen und einen schülerorientierten Unterricht anzubieten.

#00:15:50-8# B: Genau. (…) Sie wissen ja, es gibt ja auch diese Wahlpflichtbereiche, dass man da den Schülern also auch durchaus mal die Wahl LÄSST. (…) Nicht der Lehrer entscheidet, sondern der Schüler. Es ist sicherlich sehr eingeschränkt bei drei Bereichen und man wird auch nicht wieder alle Interessen treffen, aber hier könnte man ja auch mal ein bisschen schauen, wer entscheidet sich denn nun für welches Thema und warum.

#00:16:13-7# I: Oder grad wenn man halt mit Beispielen arbeitet, dass man wirklich sich ein paar Beispiele vorher überlegt und die ihnen dann quasi einfach zur Auswahl stellt. Womit wollt ihr euch beschäftigen.

#00:16:23-1# B: Genau. Und dass man dann eben auch im Hinterkopf bestimmte Schüler hat, die sich damit auch auseinandersetzen würden.

#00:16:29-8# I: Gibt da die Geographie bestimmte Methoden speziell her um dann eben solche fernen Schüler dann auch mit einzubeziehen? Gibt es da Methoden wo man sagt, man erwischt die Heterogenität der Klasse und kann für jeden /

#00:16:41-7# B: Ich denk mal da kann man schon eine ganze Menge machen. Also mir fällt jetzt zum Beispiel, ich sag jetzt mal (unv.), Gruppenpuzzle zu einem bestimmten Thema könnte man arbeiten, Gruppenarbeit, wo sie sich mal dort auch anders (…) ins Zeug legen können, um eine Aufgabe zu bewältigen und dort auch mal Stärken zum Tragen kommen könnten. Das kann ich mir also / das bietet die Geographie auf jeden Fall.

#00:17:04-8# I: Haben Sie denn selber Situationen als Lehrerin gehabt, wo Sie mit so heterogenen Klassen zu tun hatten und wo Sie selber den Unterricht so umgestalten mussten?

#00:17:11-3# B: Ja auf jeden Fall. Genau. Das begegnet einem von der Sache her (unv. laute Geräusche vom Flur) jeden Tag im Unterricht und (…) es sind auch schon Sachen passiert wo man dann gesagt hat, ich habe auch schon Gruppenarbeiten abgebrochen. (…) Weil es eben von der Lautstärke, vom Arbeitsverhalten der Schüler nicht in Ordnung war und (…) musste dann natürlich auch schauen, was hat man selber falsch gemacht an der Stelle.

#00:17:35-7# I: Und was ist gut gelungen? Also wo sind so Ihre positiven Erfahrungen die Sie uns da jetzt mitgeben können?

#00:17:41-2# B: Ja positiv ist immer das, wenn man selber als Lehrer, finde ICH, wenn man für die Sache auch brennt und die Schüler das auch merken. Dann kann man die auch so ein bisschen mitziehen und diese Begeisterung auch auf die Schüler übertragen. Das finde ich ist ganz wichtig, so die eigene Persönlichkeit. Und dass man da auch wirklich (…) mal versucht, die Schüler so richtig für eine Sache zu begeistern. Ja ich würde mich auch nicht hinstellen, zum Beispiel bei dem mittelenglischen Industriegebiet, und sagt das ist kein gutes Thema heute sondern auch DA (…) immer so ein Quäntchen Interesse doch herauszulocken.

#00:18:20-9# I: Hängt das mit einer intensiven Vorbereitung vom Lehrer zusammen?

#00:18:23-5# B: (lachen) Auf jeden Fall.

#00:18:25-3# I: Also kann man schon sagen, dass wenn man mehr Arbeit in die Vorbereitung steckt, dass man dadurch auch mehr Interesse und mehr Motivation beim Schüler erzeugen kann?

#00:18:33-1# B: Auf jeden Fall. Wenn Sie mal sehen, dass man sich in der Vorbereitung dann auch auf seine Klasse genau konzentriert, was die können, dann genau weiß, dass sind die Schüler, wie bekomme ich die an das Thema heran. Und dass man da also mit dieser Heterogenität auch umgeht. Was Sie zum Beispiel in den SPÜ noch gar nicht können. Weil Sie beobachten die Schüler einmal und dann ist es was anderes wenn man die lange hat. Also auf jeden Fall.

#00:18:58-8# I: Also Kenntnis der Schüler gleich verbinden mit der Vorbereitung und dann individuelle Angebote machen.

#00:19:04-1#B: UND es kommt dann noch hinzu, in der (…) Unterrichtsphase selber, dass man da auch wieder was verändern muss, wenn man sieht es läuft nicht wie man sich das gedacht hat.

#00:19:15-5# I: Also spontan auf das Unterrichtsgeschehen eingehen.

#00:19:18-2# B: Und weil Sie sagten, mit dem individuellen Angeboten, dass man durchaus am Anfang so einen Komplex, also so das betrachtet, und dann eben Beispiele aus verschiedenen Regionen zum Beispiel nimmt und nicht nur ein Beispiel. (…) Vielleicht dass man da auch sagt, och ja, mit dem Kakaoanbau würde ich mich eher beschäftigen als mit dem Kaffeeanbau zum Beispiel. (…)

#00:19:49-4# I: Ja also nochmal als abschließende Frage, wenn wir jetzt schon geklärt haben wie sollten sich Lehrer verhalten, wie könte man das Problem angehen, können Sie ein konkretes oder mehrere konkrete Ziele formulieren, die ein Lehrer in der Arbeit mit diesen Schülern haben sollte? (…) Oder welches Ziel sollte ein Lehrer im Umgang mit den Schülern im Unterricht verfolgen, mit DIESEN Schülern?

#00:20:19-6# B: Dass man sie fördert (…) in gewissen Sachen. Und dass man sie aber auch fordert. Das man eben nicht sagt, es ist eben so, und gut. Also das würde ich jetzt so sagen. Fordern und Fördern.

#00:20:36-7# I: Also es nicht auf sich beruhen lassen und sagen, ja das ist eben so, und das akzeptieren, sondern einfach wirklich da versuchen, dran zu arbeiten und die Schüler auch mitzunehmen. (...) Also schon das Interesse, auch den Schüler immer zu motivieren und von der Ferne in die Nähe des Faches zu bringen.

#00:20:53-6# B: Ja.

#00:20:55-1# I: Und da vielleicht noch einmal ganz kurz zusammengefasst, wie sie es persönlich als Lehrerin dort handhaben? Also wie Sie in erster Linie die Ferne sozusagen abbauen würden? (...) (längere Pause durch Störung durch den Raum betretende Personen)

#00:21:18-9# B: Könnten Sie das bitte noch einmal wiederholen? (lachen)

#00:21:22-4# I: Also zusammengefasst vielleicht noch einmal kurz, wie Sie persönlich als Lehrerin damit umgehen, dieses Ziel zu verfolgen? Also das Ziel, den Schüler nicht zu vernachlässigen und zu fördern und zu fordern.

#00:21:36-7# B: Also ich versuche, einmal über die Unterrichtsvorbereitung, dass man da schon genau darüber nachdenkt, was man mit seinen Schülern macht an dem Tag. Dass man auch versucht, verschiedenste Medien einzusetzen im Unterricht. Ich sage jetzt auch mal die neuen Medien. Das ist ja was, womit man zum Beispiel eben fernere Schüler auch erwischen kann. Ich sage mal nur das Beispiel der Hauptschüler. Ich habe dann festgestellt, dass sie mit dem Laptop viel besser arbeiten als ohne und habe dann versucht, viele Dinge in den Laptop hineinzupacken, mit dem Ergebnis, dass sie auch da wieder ausgebrochen sind. (lachen) Also man muss dann da immer wieder zurück. Also immer diesen Wechsel muss man schon haben. An der Stelle. Also (...) wie gesagt auch immer auf die Unterrichtsituation flexibel zu reagieren. Und auch das letzte wäre noch in der Sicherungsphase doch mal die Rückfrage zu stellen bei den Schülern. (...) WARUM war es denn heute ein Problem für euch, sich damit auseinanderzusetzen? Dass man eine sinnvolle Evaluierung macht. Sag ich mal einfach so. Und dann eben seine Konsequenzen für das nächste Mal daraus zieht.

#00:22:50-3# I: Okey. (...) Haben Sie denn noch einen persönlichen Tipp, den sie UNS jetzt mit auf den Weg geben würden. Irgendwie eine Erfahrung, wo Sie sagen, dass würden Sie uns jetzt gern noch auf den Weg geben?

#00:23:01-8# B: (lachen) Immer Interesse am Schüler haben.

#00:23:06-5# I: Okey. Dann vielen Dank, dass Sie sich dafür bereiterklärt haben und dass Sie sich die Zeit genommen haben.

#00:23:13-3# B: Gerne.